Federica Mastronardo

Cellule T regolatorie nella replicazione del virus HIV: caso clinico

Federica Mastronardo

Cellule T regolatorie nella replicazione del virus HIV: caso clinico

Ruolo delle cellule T regolatorie nella replicazione del virus HIV in corso di infezione

Edizioni Accademiche Italiane

Impressum / Stampa

Bibliografische Information der Deutschen Nationalbibliothek: Die Deutsche Nationalbibliothek verzeichnet diese Publikation in der Deutschen Nationalbibliografie; detaillierte bibliografische Daten sind im Internet über http://dnb.d-nb.de abrufbar. Alle in diesem Buch genannten Marken und Produktnamen unterliegen warenzeichen-, marken- oder patentrechtlichem Schutz bzw. sind Warenzeichen oder eingetragene Warenzeichen der jeweiligen Inhaber. Die Wiedergabe von Marken, Produktnamen, Gebrauchsnamen, Handelsnamen, Warenbezeichnungen u.s.w. in diesem Werk berechtigt auch ohne besondere Kennzeichnung nicht zu der Annahme, dass solche Namen im Sinne der Warenzeichen- und Markenschutzgesetzgebung als frei zu betrachten wären und daher von jedermann benutzt werden dürften.

Informazione bibliografica pubblicata da Deutsche Nationalbibliothek (Biblioteca Nazionale Tedesca): la Deutsche Nationalbibliothek novera questa pubblicazione su Deutsche Nationalbibliografie. Dati bibliografici più dettagliati sono disponibili in internet al sito web http://dnb.d-nb.de. Tutti i nomi di marchi e di prodotti riportati in questo libro sono protetti dalla normativa sul diritto d'Autore e dalla normativa a tutela dei marchi. Questi appartengono esclusivamente ai legittimi proprietari. L'uso di nomi di marchi, di nomi di prodotti, di nomi famosi, di nomi commerciali, di descrizioni dei prodotti, ecc. anche se trovati senza un particolare contrassegno in queste pubblicazioni, sono considerati violazione del diritto d'autore e pertanto non possono essere utilizzati da chiunque.

Coverbild / Immagine di copertina: www.ingimage.com

Verlag / Editore:
Edizioni Accademiche Italiane
ist ein Imprint der / è un marchio di
OmniScriptum GmbH & Co. KG
Heinrich-Böcking-Str. 6-8, 66121 Saarbrücken, Deutschland / Germania
Email / Posta Elettronica: info@edizioni-ai.com

Herstellung: siehe letzte Seite /
Pubblicato: vedi ultima pagina
ISBN: 978-3-639-65786-9

Zugl. / Approved by: Roma, Università la Sapienza, Italia 2003-2004

INDICE

PREMESSA

Nel 1983, il virus dell'immunodeficienza acquisita fu individuato quale agente etiologico dell'AIDS (Acquired Immunodeficiency Syndrome). Questo virus appartiene alla famiglia dei *Retroviridae* che hanno in comune un genoma diploide costituito da un singolo filamento di RNA a polarità positiva; nelle fasi di replicazione, il filamento è convertito in un doppio filamento di DNA lineare per essere successivamente integrato nel genoma della cellula ospite.

I Retrovirus sono stati isolati in differenti specie di vertebrati e sono suddivisi in due sottofamiglie (Orthoretrovirinae e Spumaretrovirinae) e sette generi, a seconda delle sequenze aminoacidiche delle proteine costituenti la trascrittasi inversa. HIV appartiene al genere Lentivirus: l'infezione è persistente e le patologie hanno un decorso cronico degenerativo a lenta progressione.

Si conoscono due tipi di HIV, HIV-1 e HIV-2, differenti nella struttura genomica e nell'antigenicità; essi inducono sindromi strettamente correlate. HIV-1 è presente in Europa e negli USA ed è più virulento, mentre HIV-2 è maggiormente diffuso in Africa Occidentale, Sud America e Carabi (1-4). Le tre modalità di trasmissione sono accertate per entrambi i tipi di virus: sessuale, sangue, liquidi biologici, emoderivati e contagio tra madre infetta e feto (trasmissione verticale). Il virus entra in una delle due principali sottopopolazioni linfocitarie, i linfociti T CD4+, e ne causa la progressiva deplezione. Negli stadi più avanzati della malattia (*malattia da HIV*) , il crollo del sistema immunitario e l'incremento delle copie di virus inducono infezioni opportunistiche veicolate da batteri, funghi, protozoi o altre forme virali.

NOTE STORICHE SULLA MALATTIA DA HIV

La Sindrome da Immunodeficienza Acquisita compare per la prima volta in letteratura nel 1981 (1-3). Il caso clinico studiato fu quello di un giovane paziente affetto da una forma rara di polmonite causata da un microorganismo noto come *Pneumocystis carini,* in grado di provocare la malattia in individui con grave compromissione del sistema immunitario; Michael Gottlieb, ricercatore dell'Università della California, scoprì successivamente altri casi che presentavano una correlazione comune: bassi livelli di linfociti T e omosessualità. Nel giro di breve tempo, i casi di polmonite da *Pneumocystis carinii* aumentano: la "nuova" malattia, definita impropriamente "gay pneumonia" o "polmonite dei gay", coinvolge anche nuove categorie di individui con comportamenti a rischio, quali tossicodipendenti e soggetti sottoposti a trasfusione di sangue o emoderivati. Si osserva, inoltre, la comparsa di infezioni o manifestazioni tumorali come il sarcoma di Kaposi (5-8).

Nel luglio 1982 viene ufficialmente proposto il nome di AIDS (Acquired ImmunoDeficiency Sindrome); nasce l'ipotesi che all'origine ci sia un agente infettante in grado di trasmettersi per via ematica e di colpire solo alcune cellule del sistema immunitario. Grazie agli studi di Luc Montagner e Robert Gallo nel mese di maggio del 1983 viene identificato il Retrovirus responsabile dell'AIDS; a Luc Monatgnier e alla sua collaboratice Francois Barrè Sinossi viene conferito, per il lavoro di identificazione del virus, il premio Nobel nel 2008. Il virus è inizialmente classificato come HTLV-III (Human Lymphocytotropic Virus type III) per le similitudini con HTLV-I, virus responsabile di alcune forme di leucemia. L'HTLV III viene quindi definitivamente identificato con l'acronimo HIV (Human Immunodeficiency virus). Luc Montagnier e Barrè Sinoussi ricevono nel 2008 il premio Nobel per la Medicina (fig. 1)

Fig.1 Luc Montagnier e Francois Barrè Sinoussi

Nella prima metà degli anni ottanta del XX secolo ha inizio una serie di studi che portano all'utilizzo dei primi reagenti diagnostici per la ricerca di anticorpi contro il virus e l'accertamento delle infezioni; risale al 1987 negli Stati Uniti la scoperta del primo farmaco attivo contro l'HIV, la zidovudina (AZT), mentre nel mondo si arriva a circa50.000 casi accertati. Nel 1991 l'Organizzazione Mondiale della Sanità dichiara che 10 milioni di persone hanno contratto il virus: di queste la metà sono decedute (9-11). Intanto, in questi anni, viene approvato un nuovo inibitore della trascrittasi inversa, la didanosina.

Nel 1992 iniziano i primi studi per verificare l'utilizzo di due farmaci contemporaneamente e, nel 1995, è approvato il Saquinavir, pioniere di una nuova classe di farmaci, gli inibitori della proteasi (39). Questa strategiaterapeutica è alla base della ricerca biomedica per cercare di contrastare l'infezione e allungare il più possibile la sopravvivenza dei soggetti infetti migliorando la qualità di vita.

STRUTTURA DEL VIRIONE

Il virus dell'HIV, appartenente alla famiglia dei *Retrovirus, genere Lentivirus,* è un virus a RNA che, una volta penetrato nell'organismo, viene trascritto in DNA grazie all'enzima retrotrascrittasi o trascrittasi inversa (RT) e può così integrarsi nel genoma umano delle cellule bersaglio(12). Il provirus che in questo modo è venuto a formarsi è un intermedio replicativo necessario per la produzione di copie multiple di RNA e di proteine virali, che avviene utilizzando l'apparato trascrizionale dell'ospite. Queste componenti poi, una volta assemblate, danno origine al virione completo che è in grado di moltiplicarsi all'interno dell'organismo. All'analisi con microscopio elettronico la particella virale si presenta di forma rotondeggiante con diametro compreso tra i 100 e i 120 nm. Esternamente si può distinguere un involucro pericapsidico detto *envelope*, che riveste il nucleocapside o *core* (Fig. 2).

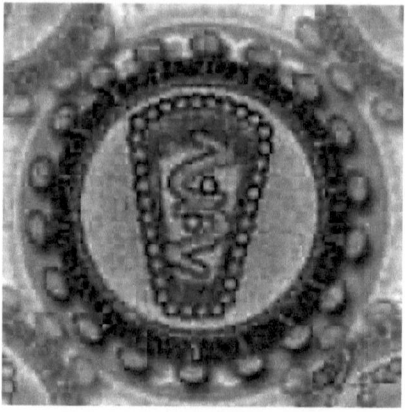

Fig.2 Struttura di un virus HIV: sono visibili il capside circondato dal tegumento e dal pericapside, composto di fosfolipidi e glicoproteine (http//www.cdc.gov/hiv)

L'*envelope* è costituito da un doppio strato fosfolipidico al quale sono ancorate le glicoproteine virali. Il doppio strato non è di natura virale, ma deriva dalla membrana citoplasmatica della cellula ospite, che il virione acquisisce durante la gemmazione, nelle fasi finali della replicazione. Il processo avviene generalmente a livello della superficie cellulare ma, nel caso dei macrofagi, i virioni maturano per lo più intracellularmente, gemmando attraverso il reticolo endoplasmatico. Come conseguenza di questi fenomeni maturativi sull'*envelope* sono presenti sia proteine virali sia antigeni di superficie propri della cellula ospite (es. antigeni del complesso maggiore di istocompatibilità di classe I e II) e molecole di adesione (*adesine*)(13-17). Per quanto riguarda le proteine di origine virale, a livello della superficie esterna si ritrovano strutture di 9-10 nm formate da omotrimeri, i cui singoli componenti sono a loro volta costituiti da due subunità proteiche associate, entrambe prodotte dal gene *env*. Questo gene codifica per un precursore proteico di peso molecolare 160 kDa che, in seguito a scissione proteolitica, dà origine alla glicoproteina di membrana 120 (gp120), che sporge all'esterno della superficie, e alla glicoproteina 41 (gp41), che è collocata nello spessore della membrana (proteina transmembrana)

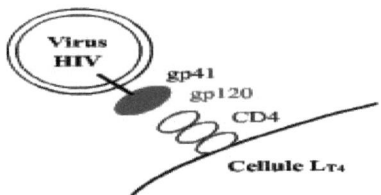

Fig.3 Schema di ingresso del Virus HIV nella cellule tramite le molecole di superficie gp41 e gp120. (www.nature.com)

La glicoproteina gp120, di 515 residui aminoacidici, promuove la penetrazione del virus nella cellula legandosi a specifici recettori di superficie e il sito principale di interazione sul recettore è situato in un'ansa strutturale, che si trova nel primo dominio extracellulare Ig-simile del CD4. La glicoproteina gp41, di 345 residui aminoacidici, è responsabile sia dell'ancoraggio di gp120 al doppio strato lipidico, sia della fusione tra membrana cellulare e virale in seguito al legame con il recettore, grazie a un peptide ricco di glicine e perciò idrofobico. Nella porzione più interna del doppio strato si trova un guscio elettrondenso di 7 nm che ricorda la matrice presente nella maggior parte dei virus rivestiti di *envelope*. Questo strato è costituito dall'assemblaggio di diverse unità della proteina 17 (p17), la cui parte N-terminale viene miristilata in fase post-traduzionale. La miristilazione consiste nel legame di molecole di acido miristico a residui di glicina posti all'N-terminale della proteina ed è fondamentale per ancorare p17 alla parete interna dell'involucro fosfolipidico e per garantire il corretto assemblaggio delle glicoproteine di tale involucro. All'interno della struttura virale si trova il nucleocapside o *"core"* del virus, che presenta la tipica forma cilindrico-conica dei Lentivirus ed è costituito dalla proteina p24,

8

codificata dal gene *gag.* Il dominio C-terminale di p24 riveste un ruolo importante per l'assemblaggio e permette la dimerizzazione della proteina, nonché la formazione di oligomeri *gag,* mentre il dominio N-terminale partecipa alla liberazione del genoma dal capside, quindi è essenziale per l'infettività del virus. All'interno del nucleocapside si trovano i componenti necessari alla replicazione del virus quali il genoma, costituito da due filamenti di RNA monocatenario a polarità positiva, molecole di tRNA necessarie per l'inizio della replicazione, proteine non strutturali prodotte da geni accessori e regolatori e i prodotti del gene *pol,* ovvero gli enzimi trascrittasi inversa, ribonucleasi H, integrasi e proteasi. Nel virione maturo il materiale genetico è complessato alle proteine basiche p7 e p9 prodotte, come p24 e p17, dal gene *gag* e necessarie per l'incapsidazione dell'RNA virale (18-23).

IL GENOMA DI HIV

Il genoma virale misura circa 9,2 Kb ed è costituito da due filamenti di RNA monocatenario lineare a polarità positiva, uniti a livello delle estremità 5' attraverso legami idrogeno in corrispondenza di sequenze complementari. Le due estremità 3' libere sono poliadenilate (poli A), mentre all'estremo 5' è presente un "capping", costituito da residui di guanosina fosforilata e mutilata (24). A distanza di circa un centinaio di nucleotidi dal 5', all'RNA è appaiata una molecola di tRNA di origine cellulare che funge da *primer* al momento della retrotrascrizione del genoma virale. Ciascuna molecola di RNA genomico presenta, agli estremi, due sequenze di basi reiterate, delle quali la più esterna è ripetuta identica ai due estremi (sequenza R), mentre quella più interna è caratteristica rispettivamente dell'estremo 5' (sequenza U5) e dell'estremo 3' (sequenza U3). Le sequenze U5 ed U3 sono retrotrascritte dalla trascrittasi inversa ad ambedue gli estremi della molecola di DNA provirale che risulta, in tal modo, più lunga rispetto alla molecola di RNA genomico. Si formano di conseguenza, ad entrambi gli estremi della molecola, sequenze identiche non codificanti e altamente conservate (U3, R, U5) denominate LTR *(long terminal repeat),* che contengono il *promoter* e *l'enhancer* per la trascrizione del provirus. All'U3 di LTR 5' si trova infatti il sito promotore " TATA box" e la regione enhancer "CAT box", mentre all'R e U5 di LTR 3' vi è un segnale di poliadenilazione dell'mRNA, che determina la fine della trascrizione. Funzionalmente dunque queste regioni sono coinvolte nell'incapsidazione dell'RNA virale, nell'integrazione del virus nel genoma dell'ospite e nella regolazione del genoma virale stesso, poiché sono fondamentali per l'innesco e l'amplificazione della trascrizione. La molecola di RNA contiene poi sotto-domini strutturali essenziali per il processo di trascrizione del genoma e per la circolarizzazione e integrazione dello stesso nel genoma della cellula ospite.

Dall'estremo 5' è possibile individuare:

• TAR, sito di legame di Tat;

• il sito di legame del primer, (residui 182-199), che fa da innesco per la trascrizione inversa;

• il segnale di incapsidamento Ψ, (residui 240-350), fondamentale per l'incorporazione dell'RNA nel virione;

• il sito di dimerizzazione, (residui 248-271), che facilita l'incorporazione dei due RNA nel virione;

• il maggior sito donatore di *splicing*, (residuo 290), utilizzato nella generazione di tutti gli mRNA subgenomici;

• la regione Gag-Pol, (residui 1631-1672), comprensiva di una sequenza eptanucleotidica e di una forcina, che promuove lo spostamento del sito di lettura ribosomiale (-1), favorendo la traduzione di una poliproteina Gag-Pol con una frequenza del 5-10%;

• RRE (Rev Response Element), sito di legame di Rev;

• siti accettori di *splicing* presenti in diverse regioni dell'RNA, che garantiscono la produzione di un elevato numero di prodotti di splicing (siti principali nei residui 5358 e 7971);

• Ii segnale di poliadenilazione, (residui 9205-9210), che costituisce l'estremo 3'.

Caratteristica peculiare di HIV-1 è quella di possedere sequenze geniche con più schemi di lettura aperti (ORF, *open reading frame*). Questo permette al virus di codificare una più ampia gamma di possibili proteine partendo da un frammento genico limitato. Il genoma di HIV-1 possiede 9 geni fondamentali, di questi tre (*gag, pol, env*) sono geni strutturali tipici di tutti i Retrovirus, essenziali per codificare gli elementi necessari per la replicazione virale. Vi sono poi geni regolatori (*rev, tat*) e geni accessori (*nef, vpr, vpu* e *vif*), che permettono ad HIV una più complessa interazione con la cellula ospite.

CICLO DI REPLICAZIONE

Il ciclo replicativo di HIV-1 è costituito da diverse fasi: dopo l'ingresso nella cellula ospite si assiste alla trascrizione dell'RNA virale in DNA, ad opera della trascrittasi inversa. Una volta formata la molecola di DNA bicatenario, questo si integra nel genoma cellulare e viene quindi trascritto a mRNA dall'apparato trascrizionale della cellula (25). La traduzione delle proteine virali fa sì che si formino nuove particelle virali, contenenti la molecola di RNA, che verranno rilasciate per gemmazione dalla cellula infetta (fig.4)

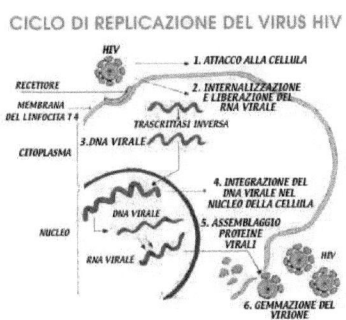

Fig. 4: ciclo replicativo di HIV (http//www.cdc.gov/hiv)

Adesione e penetrazione Il primo passo del ciclo replicativo: consiste nell'interazione tra le proteine dell'*envelope* virale e i recettori di superficie della cellula ospite, in particolare l'antirecettore virale gp120 lega ad alta affinità il recettore CD4 presente sui linfociti T *helper* (considerati il bersaglio d'elezione) e sui monociti/macrofagi. Anche altre cellule dell'organismo, quali le cellula dendritiche e le gliali, possono essere infettate, sfruttando l'interazione con altri recettori non CD4 a bassa affinità (ad esempio il galattosio-ceramide delle cellule gliali). HIV può inoltre penetrare

13

attraverso un meccanismo alternativo, rappresentato dal legame di particelle virali ricoperte da anticorpi specifici con i recettori per il frammento Fc delle IgG, esposti sulle cellule bersaglio. Questo meccanismo permette di comprendere come l'aumento dell'infettività virale possa essere associato alla risposta anticorpale. Perché una cellula possa essere infettata dal virus HIV la presenza del solo recettore CD4 non è però sufficiente. Si è visto infatti che cellule murine transfettate con CD4 umano non subiscono l'infezione. Da questa osservazione sono stati effettuati studi che hanno permesso di identificare co-recettori, la cui presenza risulta essenziale per l'infezione. Questi co-recettori sono stati identificati tra i recettori per le chemochine, in particolare l'interazione tra gp120 e CXCR4 è necessaria per la penetrazione dei linfociti T, mentre quella con CCR5 per la penetrazione di monociti/macrofagi. Il meccanismo attraverso il quale avviene la fusione tra le strutture virali e la membrana cellulare si basa su variazioni conformazionali di gp120, che portano all'esposizione e all'attivazione di gp41. L'interazione diretta con la membrana cellulare attraverso la sua porzione NH_2 terminale (peptide fusogeno), determina la fusione dell'*envelope* virale con il doppio strato lipidico della cellula bersaglio. Avvenuta la fusione il *core* del virus penetra nella cellula bersaglio, mentre il rivestimento glicoproteico dell'*envelope* resta all'esterno della cellula. Una volta all'interno della cellula il virus va incontro a un processo di svestimento *("uncoating")* attraverso il quale il rivestimento proteico del core viene degradato e nel citoplasma della cellula sono liberati il genoma a RNA e gli enzimi virali (26-27).

Retrotrascrizione Il processo di retrotrascrizione avviene nel complesso nucleoproteico e richiede il coordinamento delle attività della RT virale, eterodimero costituito dalle subunità p51 e p66, una avente attività polimerasica in direzione 5' → 3' e l'altra ad attività Rnasi, in grado di degradare l'RNA dell'ibrido DNA-RNA. Come detto in precedenza la "fedeltà" della RT è relativamente bassa perché l'enzima è privo dell'attività esonucleasica di controllo; ne deriva pertanto un'elevata frequenza di variabilità nucleotidica fra i diversi ceppi (10 errori stimati per ciclo), che determina l'insorgenza di varianti resistenti alle strategie terapeutiche. La trascrizione inizia con la sintesi di un filamento di DNA complementare al filamento di RNA virale. Il neofilamento viene prodotto in due fasi: inizialmente vengono sintetizzati un centinaio di nucleotidi a partire dalla molecola di tRNA legata al genoma in prossimità dell'estremo 5'; quando l'enzima raggiunge l'estremità entra in gioco l'attività ribonucleasica dell'RT, che rimuove le sequenze di RNA ibridizzate al DNA neoformato. Rimane così esposto un piccolo tratto di DNA a singolo

15

filamento (sequenza R) complementare al segmento presente all'estremo 3'; è a questo punto che si verifica il primo salto della polimerasi, che si trasferisce al 3' grazie alla complementarietà delle due sequenze R e riprende la copiatura in DNA della sequenza di RNA virale. Terminata la sintesi interviene l'attività ribonucleasica della RT, che elimina la maggior parte dell'RNA ibridizzato, lasciando solamente un innesco polipurinico tra il gene *env* e la sequenza U3. Da questo nuovo innesco inizia l'estensione del secondo filamento di DNA, trascritto sullo stampo del DNA neoprodotto e in questo caso l'enzima funziona da DNA polimerasi-DNA dipendente. Analogamente a quanto descritto in precedenza, una volta raggiunta l'estremità del filamento interviene l'attività Rnasi dell'enzima, che rimuove l'innesco polipurinico dal secondo filamento di DNA e il tRNA dal primo, esponendo la sequenza PBS. Sfruttando nuovamente la complementarietà di sequenza (tra i due siti PBS), la polimerasi effettua un secondo salto che la riporta all'estremo 3'. Gli errori di sintesi prodotti dalla RT nella prima tappa di retrotrascrizione saranno introdotti nel genoma virale, mentre gli errori prodotti durante la sintesi del secondo filamento possono essere corretti dai sistemi di riparazione cellulari, essendo incorporati in una doppia elica di DNA, che rappresenta il substrato naturale dei sistemi di correzione. Queste reazioni avvengono nelle sei ore successive alla penetrazione del virus nella cellula ospite e si svolgono nel citoplasma (28). Affinché possa avvenire la retrotrascrizione è necessario un eccesso di enzima rispetto allo stampo di RNA genomico, probabilmente per sopperire alla scarsa processività della RT. Al termine della trascrizione il DNA virale contiene ad entrambe le estremità le sequenze LTR (*Long Terminal Repeat*), invece delle sequenze "corte" presenti nell'RNA (STR) e prende il nome di *provirus* e, associato alle proteine p17 e integrasi, forma il complesso di pre-integrazione.

Integrazione Il complesso molecolare di pre-integrazione è trasportato nel nucleo, dove il DNA virale si integra nel genoma cellulare, grazie all'intervento di un altro enzima virale, l'integrasi. L'integrazione è casuale e può avvenire in ogni punto del DNA cellulare, anche se sono stati descritti alcuni siti preferenziali. Ora il DNA virale si duplica a ogni divisione con il materiale genetico della cellula, rendendo l'infezione permanente e il provirus integrato un elemento stabile. Il meccanismo d'azione dell'integrasi si basa sul riconoscimento dei siti ATT presenti all'estremità 3' del DNA virale, seguito dalla rimozione di due paia di basi dalle suddette estremità, con conseguente esposizione del dinucleotide CA, altamente conservato fra i retrovirus. Tali estremità vengono poi legate covalentemente con le estremità 5' del DNA cellulare, a sua volta digerito in corrispondenza del sito bersaglio di integrazione. Infine, probabilmente grazie ad enzimi cellulari, si ha la riparazione delle giunzioni tra DNA virale integrato e DNA genomico dell'ospite con formazione del provirus integrato, fiancheggiato da ripetizioni dirette di 5 paia di basi. Dopo l'integrazione il DNA virale rimane associato al genoma della cellula senza andare incontro necessariamente alla trascrizione; in una significativa percentuale di cellule infette questo stato di latenza può persistere per mesi o addirittura anni. Il fattore in grado di determinare la latenza o l'attivazione del virus può correlarsi con lo stato di attivazione immunitaria della cellula infettata; l'attivazione dei linfociti CD4 da parte di *antigeni* o *mitogeni* o *citochine* (TNF,IL-1 ecc.) o *virus* (HTLV-1, EBV, CMV, HBV, ecc) promuove la proliferazione virale di HIV-1(29-30). Una piccola percentuale di molecole lineari di cDNA non subisce il processo d'integrazione e rimane nella cellula dando origine a due molecole circolari di DNA virale non integrato 1LTR e i2LTR, che rappresentano i marcatori di traslocazione nucleare, oppure persiste in forma lineare nel nucleo e nel citoplasma.

Trascrizione La produzione di nuovi virioni avviene solo in alcune cellule infettate ed è legata all'attivazione fisiologica della cellula stessa da parte di stimolazioni ormonali o antigeniche. Infatti,

18

sebbene nel genoma virale siano presenti geni codificanti proteine regolatrici della trascrizione, l'espressione genica virale avviene grazie alla collaborazione di fattori cellulari, come la RNA polimerasi II e i fattori di trascrizione Sp1 e NFkB, in assenza dei quali il virus permane in uno stato di latenza, caratteristico del 90% delle cellule infettate. Il promotore retrovirale del provirus si trova nel dominio U3 della regione 5' LTR. Uno degli eventi più efficaci nello stimolare la trascrizione è rappresentato, come detto in precedenza, dalle citochine prodotte dalle cellule del sistema immunitario in risposta a uno stimolo antigenico o dall'infezione concomitante di altri virus a DNA, che riescono a riattivare l'infezione latente di HIV grazie alla produzione di fattori capaci di interagire col promotore LTR. Il genoma di HIV codifica per tre classi di mRNA di diversa lunghezza che possono originarsi grazie alla presenza di siti "accettori" di *splicing*. La prima classe consiste di mRNA di 2 Kb, risultato di eventi multipli di *splicing*, che codificano per le proteine regolatrici, la seconda di mRNA di 9 Kb non sottoposti a *splicing*, mentre la terza classe di 4-5 Kb è il prodotto di singoli eventi di *splicing* che codificano per le proteine strutturali del virione. La prima classe di mRNA si trova nel nucleo cellulare, nelle prime fasi della replicazione virale, mentre gli mRNA per le proteine strutturali vengono prodotte in un secondo momento grazie all'azione delle proteine regolatrici.

Infatti tat aumenta il ritmo di trascrizione e la produzione di molecole di RNA di dimensioni maggiori, mentre l'accumulo di rev porta al blocco dei processi di *multi-splicing* e l'esportazione nel citoplasma degli RNA genomici e degli mRNA per le proteine strutturali ed enzimatiche, che andranno ad assemblare il virione.

Assemblaggio Il sito di assemblaggio è diverso da virus a virus e dipende dal sito di replicazione e dal meccanismo con il quale il virus sarà rilasciato. L'assemblaggio della particella virale di HIV si svolge a livello del citoplasma (come tutti i virus a RNA), dove l'aumentato livello di proteine e di genomi virali, raggiunta una concentrazione critica, dà il via al processo. Lo stadio iniziale prevede l'associazione dei precursori proteici Gag e Gag-Pol con la porzione interna della membrana dopo la miristilazione, senza la quale i precursori del capside rimangono nel citoplasma, impedendo il rilascio delle particelle. Le proteine capsidiche si uniscono al di sotto della faccia interna della membrana, dove si trovano inserite la gp120, gp41 e p17. E' il precursore gag p55 l'elemento centrale dell'assemblaggio della particella e il gene da cui derivano importanti proteine che si trovano nel virione, quali MA, CA, NC e p6, anche se si ritiene che solo le prime due siano indispensabili come forza trainante questo processo. Anche il piccolo peptide p2, situato tra CA e NC, sembra avere un ruolo, poiché mutazioni in esso determinano un errato assemblaggio. Alcune proteine regolatrici sono coinvolte attivamente: Vif aumenta la capacità di infezione del virione, mentre Vpu incrementa la velocità di montaggio e accelera il rilascio delle particelle dalla membrana (31).

Maturazione e gemmazione Questa fase implica variazioni strutturali nella particella virale, che possono derivare da tagli specifici delle proteine capsidiche per formare i prodotti maturi, da cambiamenti strutturali durante l'assemblaggio e da modificazioni interne, come la condensazione delle proteine virali col genoma del virus. Le *proteasi* sono un esempio di proteine coinvolte nella maturazione poiché, durante il rilascio del virione dalla cellula, tagliano il precursore derivato da Gag nei prodotti finali. Esse sono enzimi che riconoscono specificamente una determinata sequenza aminoacidica o una particolare conformazione e vengono attivate solo quando entrano in contatto con la loro sequenza target. Il passaggio finale è il rilascio del virione dalla cellula ospite, processo che avviene per gemmazione dalla membrana cellulare, precedentemente modificata per l'inserimento delle proteine codificate dal gene *env*, attraverso la quale i virus acquisiscono l'*envelope* lipidico. Il rilascio del virione può danneggiare irreversibilmente le cellule, ma generalmente è compatibile con la loro sopravvivenza. Il destino delle cellule dipende dal grado di recettore CD4 da esse espresso; infatti i linfociti T *helper*, che possiedono grandi quantità di CD4, liberano molti virioni e vanno incontro a morte per lisi cellulare, mentre i macrofagi e le cellule dendritiche, che esprimono CD4 in quantità molto minore, liberano pochi virioni e generalmente sopravvivono. Ciò è molto importante per comprendere il ruolo di riserva virale svolto da queste cellule (32).

RUOLO PATOGENETICO DI HIV

L'infezione da HIV evolve, nella maggioranza dei casi, secondo un andamento che comprende tre fasi successive: l'infezione acuta, una fase di latenza clinica, la sindrome da immunodeficienza acquisita (*definizione di caso*). L'evoluzione del decorso dell'infezione può essere molto variabile, potendo essere influenzata da svariati fattori, primo tra tutti l'impiego di un'adeguata terapia antiretrovirale (33). Nella maggioranza dei casi di pazienti senza presidi terapeutici tutto il processo si svolge nell'arco di 7-10 anni, traducendosi in un quadro patologico che conduce alla morte del soggetto. A questo schema fanno eccezione i "long-term *non*progressor", che non mostrano sintomi per molti anni e che non hanno una perdita significativa di cellule CD4+. Il periodo immediatamente successivo al contagio, viene definito come fase iniziale dell'infezione o infezione acuta. Dal punto di vista virologico si accompagna a un elevato titolo di HIV nel sangue del paziente e a un elevato tasso di replicazione che permette la disseminazione del virus a livello degli organi linfoidi (soprattutto nei linfonodi, ma anche in milza, tonsille e tessuto linfoide variamente distribuito, che sono tessuti ricchi in linfociti CD4+). Questa disseminazione avviene ancor prima della risposta anticorpale, che si attiva alcune settimane dopo l'infezione (1 settimana - 3 mesi), perciò tale intervallo è detto "periodo finestra", mentre la comparsa degli anticorpi è detta "sieroconversione" (34). In seguito ad un'efficace risposta immunitaria la viremia nel sangue si abbassa drasticamente; dato che non riflette comunque un'inibizione della replicazione virale, ma piuttosto un'efficiente azione del sistema nel rimuovere le particelle virali che si sono prodotte. Durante la fase acuta si assiste inoltre a un decremento sistemico dei linfociti CD4+, transitorio, seguito da una parziale normalizzazione dei valori una volta attivata la risposta anticorpale. L'infezione acuta decorre spesso in modo asintomatico oppure può tradursi, entro 2-6 settimane dal contagio, in sintomi simili a quelli di una sindrome influenzale o simil-mononucleosica: febbre, malessere, ingrossamento dei linfonodi, stanchezza, esantema orticarioide, epato-splenomegalia (35). Lo sviluppo della risposta immunitaria specifica e la riduzione del carico virale nel sangue periferico segnano il passaggio dalla fase acuta a quella cronica, clinicamente latente, caratterizzata dalla mancanza di sintomi. A questa fase, che può durare diversi anni (dagli 8 ai 12), non corrisponde una latenza biologica, dal momento che la replicazione del virus continua comunque negli organi linfatici. Possono perciò coesistere cellule nelle quali è presente solo il provirus integrato e cellule nelle quali invece sono presenti le diverse fasi della replicazione virale. Il sangue periferico perciò non riflette in modo completo l'effettivo stato immunitario dell'organismo, ma sono gli organi linfoidi (soprattutto linfonodi e cellule dendritiche follicolari) la sede principale della replicazione e propagazione virale. In questa fase si assiste inoltre a una progressiva diminuzione del numero di linfociti CD4+ circolanti e alla comparsa di difetti funzionali a carico sia dei linfociti CD4+ e CD8+, sia dei monociti e dei macrofagi, con un progressivo deterioramento del sistema immunitario. In assenza di trattamento farmacologico la maggioranza dei pazienti evolve verso la malattia conclamata AIDS (in genere quando il livello di linfociti CD4 scende sotto il valore $200/mm^3$). Una quota minore presenta un'evoluzione più rapida (*rapid progressor*). Una frazione, meno del 10% dei soggetti infetti, ha una tendenza a non ammalarsi anche dopo 12 anni di infezione. Il progredire dell'immunodepressione correla con una diminuzione dei linfociti CD4 (nelle fasi finali meno di 200

linfociti/mm^3) e in difetti funzionali soprattutto in monociti-macrofagi,

mentre la viremia aumenta progressivamente. Questo deterioramento

conduce alla fase sintomatica della malattia che si manifesta

inizialmente con linfoadenopatia persistente (stadio "LAS", *Lympho-

Adenopathic Sindrome* della primitiva classificazione), seguito da una

fase di perdita di peso, astenia, anemia, febbre, diarrea,

ipergammaglobulinemia, che è definita stadio "ARC", *ovvero AIDS-

related complex* (36). L'insorgenza di infezioni opportunistiche (fase

di AIDS conclamato) sono la principale causa di morte; tra queste le

più frequenti sono: toxoplasmosi viscerale, polmonite da

Pneumocystis carinii (colpisce il 75% dei pazienti) e da

Citomegalovirus, infezioni erpetica disseminata. Tutte queste infezioni

sono causate da microrganismi ubiquitari dell'ambiente, normalmente

poco patogeni in soggetti immunocompetenti, ma capaci di indurre

manifestazioni patologiche gravi in condizioni di immunodepressione.

Caratteristiche dell'AIDS conclamato sono anche affezioni

neoplastiche quali il sarcoma di Kaposi, linfomi B cellulari, linfomi e

carcinomi del collo dell'utero. Circa 2/3 dei pazienti affetti da AIDS

presenta lesioni degenerative a carico del Sistema Nervoso Centrale; il

virus può infatti colpire le cellule del SNC quali macrofagi e cellule

della microglia, portando a una forma di encefalopatia detta ADC

(*AIDS-dementia complex*). In conclusione la patologia dell'infezione da HIV risulta caratterizzata da un'irreversibile compromissione della risposta immunitaria dovuta principalmente al calo dei linfociti T helper, che si traduce nella comparsa incontrollata di infezioni opportunistiche, manifestazioni neoplastiche, lesioni degenerative del SNC e di alterazioni ematopoietiche. Tuttavia, benché i linfociti CD4 siano il bersaglio principale dell'infezione, il numero di tali cellule realmente infette può essere sostanzialmente esiguo rispetto alla popolazione totale. Risulta perciò difficile comprendere l'estesa distruzione di queste cellule, considerando il fatto che esse, in condizioni fisiologiche, vengono continuamente rimpiazzate dai progenitori ematopoietici della serie linfoide. Per spiegare questa perdita di cellule è stata presa in considerazione l'apoptosi, un fenomeno fisiologico selettivo che in corso di AIDS viene esasperato. Oltre ai meccanismi patologici basati su proteine in grado di determinare la morte cellulare programmata, il virus è in grado di innescare segnali alternativi: la proteina *tat* infatti, liberata nell'ambiente dalle cellule infette, amplifica il danno cellulare tramite induzione, nelle cellule non infette, di una massiva produzione di citochine, che determina uno squilibrio dei sistemi omeostatici e di controllo della proliferazione e differenziazione cellulare (15). La causa delle lesioni del SNC sembra sia una conseguenza della liberazione di gp120 da parte delle cellule gliali accessorie, che innesca l'apoptosi dei neuroni stessi. Vari altri fattori sono stati presi in esame come possibili potenziatori dell'immunodeficienza, come infezioni da virus erpetici (CMV, HSV-6 e 7) o da batteri. Diversamente da quanto accade nei soggetti adulti, nei neonati infetti e nei bambini il virus tende ad essere più aggressivo e l'evoluzione dell'infezione molto più rapida, portando alla morte del paziente in un tempo minore. A questo quadro si aggiunge poi la minore disponibilità di farmaci anti-HIV somministrabili a soggetti di età inferiore a 13 anni per gli effetti collaterali indesiderati (36). Per quanto riguarda il decorso clinico nei bambini il virus manifesta i suoi sintomi fin dal primo anno di vita, esso infatti infetta frequentemente il cervello ancora in maturazione, ostacolando lo sviluppo intellettivo, le funzioni motorie e causando problemi di coordinazione. Si possono avere inoltre disturbi nella crescita e una maggior suscettibilità alle infezioni batteriche, essendo il sistema immunitario del bambino non ancora pienamente formato e depresso, allo stesso tempo, dall'infezione virale. La maggior aggressività del virus nei bambini sembra essere in relazione alla costante ed elevata carica virale, che non subisce la diminuzione tipica dell'adulto; l'evoluzione della malattia risulta perciò più rapida e correlata a una ridotta sopravvivenza.

TERAPIA FARMACOLOGICA

Dalla metà degli anni novanta del XX secolo sono stati fatti importanti progressi grazie all'introduzione di un gruppo di farmaci antiretrovirali (37). La miglior comprensione della patogenesi dei danni prodotti dal virus, la possibilità di determinare la carica virale e di avere perciò un parametro diretto dell'effettiva replicazione virale e la disponibilità di nuovi farmaci a potente attività antiretrovirale, ha spostato l'attenzione verso la ricerca di combinazioni terapeutiche a scopo "curativo", il più possibile efficaci e al tempo stesso tollerabili dal paziente. Lo scopo primario della terapia è abbassare la carica virale quando il sistema immunitario è ancora efficiente e quindi in grado di recuperare pienamente le sue funzioni. Poiché il virus dipende per la sua replicazione dal macchinario biologico della cellula ospite, i farmaci antiretrovirali devono inibire selettivamente la replicazione virale senza danneggiare il metabolismo cellulare. Gli studi di virologia molecolare hanno permesso di identificare funzioni virali specifiche: l'attacco del virus alla cellula target, la trascrizione inversa del genoma virale, la traduzione delle proteine e successivo assemblaggio e maturazione della progenie virale, che possono servire da veri bersagli per l'inibizione (38-40). E' difficile sviluppare agenti antivirali in grado di distinguere i processi replicativi del virus da quelli della cellula ospite. Attualmente sono registrati in Italia farmaci antiretrovirali appartenenti a tre classi farmacologiche, ognuna con un diverso meccanismo d'azione (41-45). Questi farmaci non sono in grado di uccidere il virus, ma solo di bloccarne la replicazione, perciò i pazienti in trattamento, anche se hanno una carica virale non rilevabile nel sangue, devono comunque considerarsi sempre potenzialmente infettanti. Qualsiasi decisione sull'inizio o il cambiamento di terapia deve essere guidata dal continuo monitoraggio di parametri quali la carica virale e il numero di CD4+.

ANALOGHI NUCLEOSIDICI DELLA TRASCRITTASI INVERSA (NRTI): i più noti sono la *zidovudina* (AZT), la *didanosina* (DDI), la *zalcitabina* (DDC), la *lamivudina* (3TC), la *stavudina* (D4T) e l'*abacavir*(46-47). Per i primi dieci anni dalla scoperta del virus, questi farmaci sono stati i più usati in terapia. Sono detti nucleosidici per la loro somiglianza strutturale coi nucleosidi trifosfati. Agiscono nelle fasi precoci della replicazione per prevenire l'infezione delle cellule sane; dopo il loro

29

ingresso nella cellula questi farmaci vengono fosforilati dalle chinasi cellulari e sono così convertiti nella forma trifosfato attiva e competono con il deossinucleotide naturale per il legame all'RT. Competono inoltre anche coi dideossinucleotide trifosfato per l'incorporazione nella nuova catena nascente di DNA, bloccandone in tal modo la sintesi ulteriore (sono terminatori di catena poiché manca loro l'ossidrile in posizione 3') o alterandone la funzione. Sicuramente il farmaco più studiato è la zidovudina, utilizzato sin dal 1987. E' in grado di passare la barriera emato-encefalica e perciò di prevenire le manifestazioni neurologiche dell'ADC (*AIDS-Dementia Complex*) e di prevenire il passaggio da madre a figlio durante la gravidanza(48).

ANALOGHI NON-NUCLEOSIDICI DELLA TRASCRITTASI INVERSA (NNRTI): questa classe di farmaci fu scoperta oltre 10 anni fa, ma il loro sviluppo è stato ostacolato dagli scarsi risultati ottenuti in seguito all'impiego in monoterapia, per la rapida insorgenza di resistenza. I più noti sono la *nevirapina*, la *delaviridina*, l'*efavirenz* (47-49) Questi farmaci sono inibitori non competitivi, altamente selettivi per la trascrittasi inversa. Per essere attivati non richiedono la fosforilazione e non competono con i nucleosidi trifosfato, dei quali infatti non imitano la struttura. Il meccanismo con cui riescono a bloccare la trascrittasi è di tipo allosterico: agiscono legandosi direttamente al sito attivo dell'enzima, bloccandone l'azione e impedendo che avvenga la formazione di DNA provirale. Hanno il vantaggio di essere privi di effetti sulle cellule ematopoietiche e di non mostrare resistenza crociata con gli inibitori nucleosidici dell'RT.

INIBITORI DELLA PROTEASI (PI): a differenza delle classi precedenti che lavorano in una fase precoce del ciclo replicativo, questi farmaci inibiscono la proteasi virale, che è indispensabile in uno stadio tardivo del ciclo per scindere i precursori proteici in proteine virali mature. Questi farmaci sono composti a basso peso molecolare che interagiscono stericamente col sito attivo dell'enzima, situato all'interfaccia delle due subunità identiche che lo compongono e sono tutti composti altamente idrofobici, proprio per poter interagire col sito catalitico della proteasi, inibendone reversibilmente l'attività (50). Poiché l'azione enzimatica della proteasi si esplica attraverso il processamento dei precursori della retrotrascrittasi, dell' integrasi e della proteina Gag e che solo le forme processate di queste proteine sono utilizzate per la costruzione di particelle virali infettanti, si deduce che questi farmaci determinano la produzione di particelle virioniche difettive, incapaci di infettare nuove cellule. Fanno parte degli inibitori della proteasi il *saquinavir*, il *ritonavir*, l'*indinavir*, il *nelfinavir* e l'*amprenavir*. Si è pensato anche di intervenire impedendo l'ingresso del retrovirus nella cellula, andando ad agire nella fase in cui HIV si lega alla cellula che andrà ad infettare. E' stata dunque introdotta una nuova categoria di farmaci, gli inibitori della fusione, ai quali appartiene T-20 (enfuvurtide)(39), un peptide di sintesi derivato dalla proteina virale transmembrana gp41. Esso è in grado di legarsi alla glicoproteina gp41, impedendone il legame del virus con la cellula bersaglio e quindi bloccandone l'ingresso.

INTRODUZIONE ALLA TESI

Il meccanismo di resistenza all'infezione da HIV-1 è rimasto non completamente conosciuto sin dalla scoperta del virus. Una delle strategie di studio è rappresentata dalla valutazione di pazienti che sembrano resistenti a questo meccanismo e alle conseguenze cliniche che ne derivano. In questo studio è descritto il caso di una donna di 36 anni che risulta positiva all'infezione da HIV-1, presenta un basso numero di linfociti T CD4+ ma *nessun* livello plasmatici di viremia. Dalle indagini effettuate non sono state rilevate tracce di DNA provirale nel sangue periferico sia prima dell'inizio della terapia antiretrovirale sia in seguito alla sua interruzione (dopo 1 anno). Tuttavia la biopsia del tessuto midollare e dell'ileo risultano positive alla presenza di copie HIV-DNA. Nella paziente sono stati evidenziati elevati livelli di anticorpi neutralizzanti e di cellule Tregs (CD4+/CD25+), parallelamente ad un'elevata espressione del gene Foxp3. Pertanto, i dati mostrano un caso di infezione da HIV-1 che può contribuire a decodificare i meccanismi di resistenza al virus .

Ruolo dei linfociti T regolatori (Tregs) in fisiopatologia

Nell'ambito della ricerca su HIV, l'analisi delle differenti sottopopolazioni linfocitarie si è rivelata indispensabile per la comprensione della risposta immunitaria alle terapie nei soggetti infettati, base di partenza per affrontare qualsiasi studio, sia cellulare che molecolare. Oggetto di studio è, in particolare, una specifica sottopopolazione di cellule del sistema immunitario, le cellule *T regolatorie* o Tregs, coinvolte, nella patogenesi dell'infezione dell' HIV (51). Il sistema immunitario di un organismo è progettato per mantenere una condizione di equilibrio tra la capacità di rispondere agli agenti "non self" patogeni e il mantenimento della tolleranza agli antigeni "self". Se da un lato la mancata risposta del sistema immunitario può consentire l'invasione *nell'organismo* di un agente patogeno e quindi l'instaurarsi di un'infezione, dall'altro il verificarsi di una reazione non controllata può provocare una risposta infiammatoria dannosa all'organismo stesso. Meccanismi quali la delezione clonale o l'anergia , dovuti alla selezione negativa, rappresentano i più importanti eventi di controllo per le cellule T reattive agli antigeni *self*, e impediscono che il sistema immunitario vada incontro a fenomeni di autoreattività. Il termine "suppressor" identifica i linfociti T in grado di riconoscere antigeni specifici e non; le "cellule regolatorie" introducono invece un paradigma fondamentale riguardo ai meccanismi di tolleranza al *self*, dove l'autoreattività viene regolata da specifici subset linfocitari. Tra questi, una delle sottopopolazioni linfocitarie più organizzata è quella identificata dai marcatori di superficie CD4+ CD25+, generata sia a livello timico sia in periferia, le cui cellule, una volta attivate, sono in grado di sopprimere altre cellule T, sia per contatto cellula-cellula, sia mediante meccanismi citochino-indipendenti, sebbene sia stato evidenziato che la produzione iniziale di IL-2 da parte delle cellule "responder" sia essenziale per l'espansione delle Tregs e l'induzione della loro funzione (52). Le Tregs costituiscono, approssimativamente, il 5-10% delle cellule T CD4+ del sangue periferico, sia nell'uomo sia nel topo. Come illustrato da Sakaguchi (53), il ruolo svolto da questecellule è di fondamentale importanza per il sistema immunitario, dal momento che la mancata differenziazione delle cellule T CD4+ nel sottotipo CD25+ in topi "nudi" portava allo sviluppo di malattie autoimmuni. Questa sottopopolazione di linfociti sembra in grado di sopprimere una grande varietà di cellule sia nell'ambito dell'immunità innata sia acquisita. Negli ultimi anni, numerosi studi sono stati intrapresi per definire meglio il fenotipo, le vie di sviluppo e i meccanismi di soppressione oltre alle eventuali patologie associate a un loro deficit (54). Dal punto di vista fenotipico, le Tregs appaiono simili alle cellule T della memoria e il loro repertorio TCR è vario come quello di qualsiasi altra sottopopolazione linfocitaria (Berthelot) (51). E' stato inoltre osservato che, in presenza di stimoli convenzionali utilizzati *in vitro* per l'attivazione delle cellule T, le Tregs risultano attivate (55). Tale condizione viene prontamente interrotta con l'aggiunta di potenti stimoli chimici quali l'IL-2 e l'IL-15 che, come dimostrato da Sakaguchi (53), sono in grado di abolire la loro funzione soppressiva. Al contrario, in seguito all'esposizione ad antigeni *in vivo*, le Tregs vanno incontro a espansione clonale mentre trattengono le loro proprietà soppressive (56). Da punto di vista morfologico, Grossmann (51-53) hanno illustrato che Tregs CD4^{lo} attivate con anti-CD3, CD46 e IL-2 mostrano un aumento di granulosità, di granzima A e cromatina nucleare fortemente condensata. Sebbene siano stati osservati diversi marcatori di superficie per queste cellule in vari stadi del loro sviluppo, il marcatore considerato più importante è il *fattore di trascrizione FoxP3*. Nuove indagini hanno, inoltre, portato ad affermare che FoxP3 è un regolatore negativo dell'attivazione cellulare perché la sua espressione causa la repressione di citochine quali l'IL-2. Sakaguchi (53) affermano che l'espressione di FoxP3 viene indotta in cellule T con infezioni retrovirali, il che ha confermato le ipotesi formulate sul suo ruolo e il suo importante utilizzo come marcatore delle cellule regolatorie. Altre ricerche hanno analizzato il ruolo delle Tregs nell'ambito di alcune infezioni, in particolare di quelle da HIV. Com'è noto, l'infezione da HIV è caratterizzata da una perdita progressiva di cellule T CD4+, un'eccessiva attivazione del sistema immunitario e un insufficiente controllo del virus da parte del comparto T in molti individui infetti (55-56). Ricerche condotte da Weiss (54) hanno mostrato come la rimozione di Tregs dal sangue periferico porta a un aumento della produzione di citochine antigene-specifiche da parte delle cellule T CD4+e CD8+ infette da HIV. Aandhal (51-53), per contro, hanno illustrato come la rimozione di cellule CD25+ dal sangue periferico di pazienti HIV positivi, causa un abbassamento dei livelli di INF-γ.

Ancor prima di questi studi, tuttavia, è stato evidenziato (51-53) come la risposta dei CD4+ in corso di infezione da HIV risulti debole; infatti è soppressa dalle cellule regolatorie. Questa importante scoperta ha aperto nuove prospettive per la manipolazione immunoterapeutica. Infatti, riuscire ad incrementare l'efficacia della risposta della cellule T CD4+ all'infezione da HIV può diventare un' arma essenziale al fine di migliorare il controllo virale, dal momento che i meccanismi di risposta di questi linfociti sono inversamente correlati alla carica virale. Le cellule T in soggetti HIV-1 positivi mostrano i segni di un' eccessiva attivazione, tra i quali l'espressione di molecole quali CD38 e HLA-DR. L'attivazione di per sé può risultare fondamentale per la perdita progressiva di cellule T in soggetti infetti e quindi per l'evolversi della malattia. Evidenze sono state riportate da Oswald-Richter (53): alcuni soggetti HIV positivi hanno mostrato una diretta correlazione tra elevati livelli di espressione di FoxP3 e una diminuzione significativa dell'attivazione linfocitaria, misurata valutando l'espressione di marcatori di attivazione quali HLA-DR; altri presentavano, però, espressione normale di FoxP3 . Dal momento che l'espansione delle Tregs è molto difficoltosa *in vitro*, Oswald-Richter et al. hanno potuto dimostrare, attraverso manipolazione genica, che l'incremento di espressione di Foxp3 in cellule T naive CD4+ è strettamente collegata sia alla funzione soppressiva delle Tregs sia alla suscettibilità delle stesse al virus HIV. Infatti, queste cellule geneticamente modificate risultano più suscettibili all'infezione da HIV-1. Un' elevata percentuale di individui HIV-1 positivi, che presentano un basso valore di cellule T CD4+ e alti livelli di attivazione, mostrano un decremento di cellule regolatorie CD4+CD25^{hi} Foxp3+; questo fenomeno suggerisce, pertanto, un possibile meccanismo di eliminazione delle Tregs *in vivo* durante l'infezione, evento associato con la progressione della malattia (55-56).

Le cellule T CD4+CD25+ sembrano avere, pertanto, un ruolo fondamentale nei meccanismi di regolazione del sistema immunitario, e possono avere un coinvolgimento importante nella patogenesi dell'HIV. Questa sottopopolazione linfocitaria potrebbe, infatti, *sopprimere* la risposta specifica delle cellule T al virus, *ridurre* l'attivazione del sistema immunitario e/o *incrementare* il rischio di malattie autoimmuni. L'infezione da HIV può stimolare, d'altro canto, la produzione di Tregs specifiche per il virus, o, al contrario, eliminare preferenzialmente questo subset rispetto alle altre sottopopolazioni di cellule T CD4+. Come prospettiva terapeutica è possibile manipolare queste cellule, ma di sicuro è necessaria una comprensione più approfondita del loro ruolo nella patogenesi dell'HIV. Diversi studi hanno posto la loro attenzione sul ruolo determinate che hanno le Tregs nel controllo dell'infezione virale da HIV-1(85). In particolare, Selliah (86) hanno illustrato come l'espressione di FoxP3 sia in grado di *down*-regolare il fattore NFAT coinvolto nei processi di trascrizione del virus. Anche tale evento può confermare il coinvolgimento di questo gene e delle cellule Tregs nell'attivazione della risposta immunitaria all'infezione.

SCOPO DELLA TESI

Sin dai primi anni dopo la scoperta del virus HIV, il meccanismo di resistenza all'infezione è rimasto poco conosciuto. Numerose ricerche sono state condotte per valutare il ruolo del virus e dell'ospite in questo delicato processo; tuttavia i risultati sono ancora parzialmente esaurienti. Uno degli approcci prescelti è stata l'osservazione dei pazienti che sembrano essere "resistenti" all'infezione o ai danni che ne derivano. Il decorso clinico dell'infezione da HIV-1 può presentarsi molto diversificato tra un individuo e l'altro; tuttavia è sempre caratterizzato principalmente da una graduale e progressiva perdita di linfociti T CD4+ e immunità cellulare, con conseguente sviluppo di AIDS. In assenza di terapia antiretrovirale (ART), la *malattia da HIV* si sviluppa tipicamente entro 10 anni dopo l'infezione ma, occasionalmente, si assiste a una fase asintomatica prolungata che può superare anche i 15 anni (1-4). Notevoli differenze si possono trovare anche tra pazienti in terapia. Infatti, nella maggior parte dei pazienti trattati, ART induce una soddisfacente soppressione virale e un'efficiente immunoricostruzione (57-59); in alcuni casi, invece, si può osservare un debole incremento dei CD4+ nonostante l'assenza di un'elevata carica virale. E' evidente che diversi fattori sia a carico del virus sia dell'ospite possono influenzare il decorso dell'infezione. Anomalie geniche del virus e dell'ospite, chemochine e recettori, risposte locali costituiscono tutti elementi da valutare nello studio del meccanismo di resistenza all'infezione. Nonostante siano stati individuati una moltitudine di fattori che intervengono nei meccanismi di rallentamento nella progressione della malattia, ancora non è stato delineato il completo controllo naturale da parte dell'ospite in corso di infezione da HIV. In particolare sono stati individuati alcuni individui sottoposti a terapia da breve tempo (*naive*) che sembrano avere una buona resistenza al decorso dell'infezione; essi risultano positivi per la presenza di un elevato numero di anticorpi contro HIV-1 ma, nei test diagnostici di routine, non ci sono ancora evidenze specifiche di antigeni p24,copie di RNA nel plasma e DNA provirale. La conta dei CD4+ sembra essere nella norma in tutti gli individui.

In questo studio si descrive il caso di una donna di 36 anni, *sierologicamente* positiva all'HIV-1, la quale presenta una conta di linfociti CD4 molto bassa ma assenza di viremia nel plasma (60-62). Dalle indagini effettuate in laboratorio, infatti, non si riscontra, in assenza di qualsiasi trattamento antiretrovirale, alcuna carica virale o provirale (DNA) nel sangue periferico della paziente, né antigeni HIV p24 né alcuna attività di retrotrascrizione dopo attivazione cellulare; tuttavia, la biopsia del midollo osseo ha rilevato copie di HIV-DNA (63). Inoltre, è stato riscontrato un elevato titolo di anticorpi neutralizzanti e un aumentato numero di cellule Tregs, corrispondenti ad un over espressione del gene FoxP3. Dal punto di vista clinico la paziente non presenta né infezioni opportunistiche né sintomi da AIDS. L'ipotesi è quella interpretare questi dati a favore di una possibile interferenza di Tregs nel meccanismo di resistenza all'infezione, così da aprire un nuovo percorso di indagine nell'identificazione di fattori regolatori determinanti nella patogenesi dell'Infezione da HIV.

CASO CLINICO

In questo studio si prende in esame il caso di una donna di 36 anni risultata positiva per la presenza di anticorpi anti HIV mediante test sul sangue periferico. La paziente è in gravidanza; riferisce di aver goduto sempre di buona salute e che l'unica fonte di rischio per l'infezione potrebbe risalire a 10 anni prima quando ha avuto un partner sessuale che faceva uso di droghe per via endovenosa. Non riferisce altre informazioni sul suo partner. Da sei anni è sposata con uomo negativo al test HIV. L'esame generale del torace, del cuore, dell'addome e dei linfonodi rientra nei parametri normali. Per quanto riguarda l'analisi delle sottopopolazioni linfocitarie, la paziente mostra un significativo decremento nel numero dei linfociti T CD4+ con una percentuale del 12% e un numero assoluto di 89 cells/mm^3. Tuttavia, la paziente non presenta infezioni opportunistiche né altri sintomi correlati all'AIDS. Risulta inoltre negativa ai test per HCV, HBV, CMV, Epstein Barr Virus e *Toxoplasma gondii*. Test biochimici di routine non mostrano alcuna alterazione. Test ematologici rivelano una moderata leucocitopenia. La viremia plasmatica risulta inferiore a 50 copie/ml di HIV-1 RNA per un discreto periodo di osservazione e minore di 2,5 copie/ml ai metodi ultrasensibili. Tuttavia, in accordo con le linee guida internazionali, la HAART deve essere somministrata a pazienti asintomatici che presentano un numero di cellule T CD4+ inferiore a 200 cell/mm^3 e nessun valore di viremia (64). Pertanto, la paziente ha iniziato la sua terapia con efavirenz, lamivudina e tenofovir (per 1 anno dalla diagnosi) come raccomandato per i soggetti "naive". Dopo 3 mesi di terapia i parametri cellulari non hanno mostrato miglioramenti significativi e la viremia plasmatica è risultata sempre inferiore a 50 copie/ml. In principio si è ritenuto che la paziente fosse da considerare una *"immunological non-responder"* e, per questo motivo, si è pensato di analizzare le diverse sottopopolazioni linfocitarie per individuare una possibile alterazione immunitaria. Per non trascurare l'ipotesi di una fase latente di HIV-1, si è anche cercato di individuare tracce di DNA provirale nelle cellule mononucleate del sangue periferico (PBMC); tuttavia i risultati sono stati negativi sia per la presenza di DNA provirale sia per l' antigene anti HIV-1 (p24) nei supernatanti delle colture cellulari. Si è interrotta la terapia per un periodo di 3 mesi al termine del quale si sono effettuate le stesse analisi ottenendo i medesimi risultati. Lo studio è proseguito cercando tracce di DNA virale in altri tessuti tra i quali il midollo osseo e l'ileo. Si è infine analizzato un campione di cellule mononucleate di sangue periferico per individuare particelle virali attraverso microscopia elettronica, le caratteristiche genetiche della paziente, le citochine, i livelli di anticorpi neutralizzanti e il valore delle cellule Tregs al fine di tentare una possibile interpretazione di questa inusuale forma di infezione da HIV.

MATERIALI E METODI

Tests sierologici e virologici Le indagini sierologiche sono state effettuate utilizzando il metodo EIA HIV1/HIV2 (Abbott laboratories division, Abbott Park, IL). I livelli di HIV-1 RNA sono stati quantificati mediante Versant HIV-1 RNA 3.0 Assay (branch DNA, Bayer Health Care). La viremia rimanente è stata quantificata con metodi ultrasensibili basati sul test Monitor Roche Amplicor HIV-1 versione 1.5, con un limite di precisione di 2,5 copie/ml di RNA HIV-1 plasmatico, come precedentemente descritto (65). Per testare eventuali manifestazioni autoimmuni o comuni patologie infettive sono stati utilizzati altri test commerciali in accordo con le indicazioni della ditta produttrice.

Analisi citofluorimetrica delle sottopopolazioni T CD4+ e CD8+ e del repertorio TCRVB Due ml di sangue intero sono stati lisati utilizzando 40 ml di lisante (Ortho Lysing reagent, Ortho-Clinical Diagnostics, Raritan, NJ) e dopo lavaggio sono stati incubati con un cocktail di anticorpi monoclonali per 30 minuti a 4°C al buio. Cellule T naive e memory, cellule T CD4+ naive timiche, cellule Tregs sono state identificate e analizzate con citofluorimetro a flusso

FACSCalibur (Becton Dickinson Immunocytometry Systems, San Jose, CA) utilizzando il software Cell Quest.

Determinazione dell cellule Tregs ed espressione di Foxp3

Isolamento linfocitario. Cellule mononucleate del sangue periferico (PBMCs) sono state separate attraverso stratificazione su gradiente di densità con Ficoll-Hypaque (Sigma-Aldrich). Le cellule T CD4+ sono state purificate per selezione negativa dal sangue periferico con biglie immunomagnetiche (MACS CD4 multisort kit, Miltenyi Biotec Bergisch Gladbach, Gwrmany); le cellule CD25+ sono state purificate per selezione positiva su 2 colonne (Miltenyi Biotec) ottenendo una purezza dell'85%.

*Analisi citofluorimetrica.___*Sono stati utilizzati i seguenti anticorpi monoclonali: CD4-FITC, CD25-PE, CD3-APC (Becton Dickinson, San Jose, California, USA). L'analisi è stata effettuata usando il FACScalibur e il software Cell Quest (Becton Dickinson, San Jose, California, USA). I gate sono stati selezionati in base alle diverse sottopopolazioni linfocitarie esaminate in accordo con le loro proprietà rispetto alle fluorescenza.

PCR Real Time._ Per determinare I livelli di RNA messaggero per Foxp3, l'RNA totale è stato estratto dalla sottopopolazione di cellule Tregs usando 1 ml di Trizol (Invitrogen, Carlsbad, CA).

L'RNA totale è stato isolato e 100 ng di RNA è stato utilizzato per sintetizzare cDNA utilizzando "High Capacity cDNA Kit" (4322171 Applied Biosystems). La retrotrascrizione è stata effettuata utilizzando M-MLV RT e Random Primers. I livelli relativi di mRNA per Foxp3 sono stati determinati attraverso Real Time PCR utizzando il sequenziatore ABI 7700 (Applied Biosystems) con Assay-On-Demand prodotti per l'espressione di Foxp3 (Hs00203958-ml) e Universal Master Mix (Applied Biosystem). I risultati ottenuti sono stati normalizzati rispetto al valore di espressione di un gene di riferimento, la Beta-actina (4326315E) presente in ogni campione e utilizzando il metodo DDCt.

Analisi Statistica. Le analisi statistiche sono state effettuate utilizzando il t test di Student.

Saggi di funzionalità linfocitaria. I saggi di linfoproliferazione sono stati effettuati come descritto in un precedente lavoro (66).

Preparazione di Cellule Mnonucleate del Midollo Osseo (BMMCs) Aspirato di midollo osseo è stato trattato in tubi contenenti EDTA come anticoagulante. Il campione di midollo osseo è stato diluito in proporzione di 1:3 con PBS 1X addizionato con EDTA 5mM e successivamente separato dopo centrifugazione con Ficoll (Lymphoprep, Nycomed Pharma, Oslo, Norway) e risospeso in RPMI

1640 Medium supplementato con 10% di siero fetale (FCS), L-glutammina (2 mmol/L) e pennicellina (250 U/mL) (tutti distribuiti da Life Technologies s.r.l., Milan, Italy). Ulteriori studi comprendono saggi di CFC (colony-forming cell) e colture a lungo termine (LTBMC); la caratterizzazione di cellule stromali di midollo osseo con metodi immunoistochimici è stata effettuata come descritto (67)

Endoscopia e biopsia dell'ileo La biopsia dell'ileo è stata effettuata con un endoscopio flessibile guidato (EC3831L; Pentax Precision Instruments, Orangeburg, NY). Alcune biopsie sono state immediatamente congelate per essere poi utilizzate in altre procedure molecolari o per esami istologici di routine.

Quantificazione di HIV-DNA Il DNA è stato estratto dai linfociti del sangue periferico CD4+ purificati usando QIAamp DNA Blood Mini Kit (Qiagen, Italy). La quantità di HIV-DNA è stata misurata attraverso una reazione di PCR Real Time utilizzando ABI Prism 7500 Real Time PCR Systems (Applied Biosystems, Foster City, CA) per amplificazione, acquisizione e analisi dei dati. Il numero di copie di DNA è stato determinato utilizzando primers gag e sonde FAM-MGB e normalizzato con copie di Rnase-P (RnaseP Control Reagents, Applied Biosystem). Per generare una curva standard per HIV-1 DNA è stata utilizzata la linea cellulare 8E5 e la misura dell'espressione di RNAseP. Il limite per la validità del saggio è di 10 copie HIV-1 DNA/10^6 cellule.

Genotipizzazione virale L'analisi di sequenza di HIV-1 PR e RT *reading frames* di DNA estratto dal midollo osseo e dalla biopsia del tessuto intestinale è stata effettuata usando TRUGENE HIV-1 Genotyping Kit e OpenGene DNA Sequencing System (Bayer Diagnostics, Italy). In comparazione con i Laboratori Nazionali di Los Alamos e la Stanford Univerity si è identificato il sottotipo B di HIV-1.

Isolamento di HIV dalle cellule T CD4+ da saggi di co-colture Cellule CD4+ sono state selezionate utilizzando metodi immunomagnetici (Miltenyi Biotech, Italy) e co-colture cellulari di linfociti estratti dal sangue periferico HIV-1 negativi attivati con PHA in accordo con i protocolli standard AIDS Clinical Trial Group (68). Le colture sono state protratte per 28 giorni. Ogni 7 giorni 1 ml di supernatante è stato sostituito con terreno fresco contenente 10^6 cellule da PBMC PHA-stimolato HIV-1 negativo. Il supernatante a 7 giorni è stato testato per l'antigene p24 HIV-1 (Innogenetics, Belgium). Lo stesso supernatante è stato testato per l'attività virione-associata RT attraverso saggio radioattivo con primers poly(A)-oligo(dT) (69).

Microscopia elettronica a trasmissione (TEM) La TEM è stata effettuata sui linfociti del paziente e di un controllo sano non stimolati né messi in coltura. $2x10^6$ cellule sono state fissate in Karnowsky fixative overnight. Le cellule sono state successivamente fissate con buffer al 2% di uranile acetato acquoso. In seguito alla deidratazione in gradiente di etanolo, il pellet cellulare è stato trattato in resine Sporr e polimerizzato a 70°C per 10 ore. La sezione seriale è stata tagliata a 0.5 micron e colorate con blu di metilene. La sezione è stata effettuata con Reichort Ultracut E ultramicrotone e fissata co uranile acetato al 2% in etanolo al 50% . Il vetrino è stato esaminato in un microscopio Philips CM10 elettronico a trasmissione operante a 80 Kv.

Concentrazione sierica di citochine La concentrazione sierica di citochine è stata valutata con un saggio ELISA. Per la concentrazione di IL-2, IL-4, IL-5, IL-8, IL-10, IL-12, IL-13, IFNγ e TNFα sono stati utilizzati saggi standard (Searching Human Th1/Th2 Array, Pierce, Rockford IL, USA, distribuito da Tema Ricerca, Bologna, Italia). Il saggio standard per IL-7 è stato ottenuto da R&D Systems (Minneapolis, MN,USA). Tutti i saggi sono stati effettuati seguendo le istruzioni della casa di produzione.

Titolazione di anticorpi neutralizzanti La titolazione di anticorpi neutralizzanti è stata effettuata come in precedenza descritto (70).

Analisi genetica del paziente Il genotipo dei loci HLA I è stata effettuata con metodo standard NIH e l' analisi HLA DRB è stata effettuata con sequenze specifiche di primers (SSP-PCR) come descritto in precedenza (71). Il genotipo di CCR5 è stato determinato da PCR su polimorfismi dei frammenti di restrizione (RFLP) come precedentemente descritto (72).

RISULTATI

La paziente in studio è risultata positiva al virus HIV-1 sia attraverso il test ELISA sia con l'analisi in western blot (fig.5); tuttavia, la carica virale è risultata sempre non determinabile anche con i metodi ultrasensibili. I test ematologici di routine hanno mostrato una moderata leucocitopenia ma valori di globuli rossi e piastrine nella norma. La paziente, inoltre, è risultata negativa per altre infezioni o patologie autoimmuni (tab.1). Parametri immunologici hanno mostrato bassi valori di linfociti TCD4+ (inferiore a 130 cells/mm^3) durante un follow up di 2 anni. Nell'analisi di altre sottopopolazioni linfocitarie si è potuto rilevare un incremento significativo di linfociti esprimenti molecole HLADR e CD95, mentre non sono state riscontrate differenze per altre sottopopolazioni rispetto ai valori di controllo. Una differenza significativa è stata osservata nel numero delle Tregs in confronto a pazienti HIV positivi con o senza terapia antiretrovirale e donatori sani (fig. 6). Si è osservato, infatti, un incremento significativo delle cellule di questa sottopopolazione parallelo all'incremento dell'espressione di Foxp3 (p<0.01)(fig 7).

L'analisi della funzione linfocitaria ha mostrato una scarsa risposta a stimolazione con anti-CD3 e PHA.

L'analisi di tessuto aspirato dal midollo osseo ha mostrato una funzione e una morfologia normali delle cellule progenitrici rispetto ai controlli sani.

La biopsia dell'ileo ha rivelato la presenza di un lieve infiltrato infiammatorio a livello della lamina propria; l'esame immunoistochimico ha evidenziato la presenza di linfociti T CD3+ con fenotipo CD8+ soppressori.

L'HIV-DNA provirale è risultato non determinabile nei linfociti del sangue periferico mentre il midollo osseo e l'ileo sono risultati *positivi* rispettivamente per 68.24 copie/10^6 cell di HIV-DNA e 23.4 copie/10^6 cell. L'isolamento di HIV-1 dai linfociti T CD4+ messi in co-coltura per rilevare tracce di antigene p-24 antivirus è fallito. La microscopia elettronica a trasmissione non ha mostrato alcuna particella virale in nessuna cellula mononucleata del sangue periferico presa in esame. Il dosaggio citochinico ha mostrato un *aumento significativo dei livelli di IL-10* mentre le altre citochine esaminate sono risultate nei limiti normali. Anticorpi neutralizzanti mostrano alti valori rispetto ai controlli standard. L'analisi del recettore CCR5 non ha mostrato alcuna delezione genica di quest'ultimo, mentre indagini sull'HLA hanno mostrato la presenza di HLA A32, coinvolto nella funzione protettiva all'infezione da HIV (73).

Tab 1. Studi sierologici, virologici e genetici della paziente.

TEST	RISULTATI
HIV-1 Western Blot	+
HIV-1 EIA	+
Plasma HIV-1 RNA (copie/ml)	<2.5
HIV-1 antigene (pg/ml)	-
HIV-1 DNA in PBMC (copie/10^6 cells)	<10 (copie/10^6 cells)
HIV-1 DNA in BM (copie/10^6 cells)	68 (copie/10^6 cells)
HIV-1 DNA in ileo (copie/10^6 cells)	23 (copie/10^6 cells)
HIV-1 sequenza	Wild Type
HIV-1 sottotipo	B
CCR5 genotipo	Wild Type
HLA I	A32/33, B39/60
HLA II	DRB1 01, DRB1 13

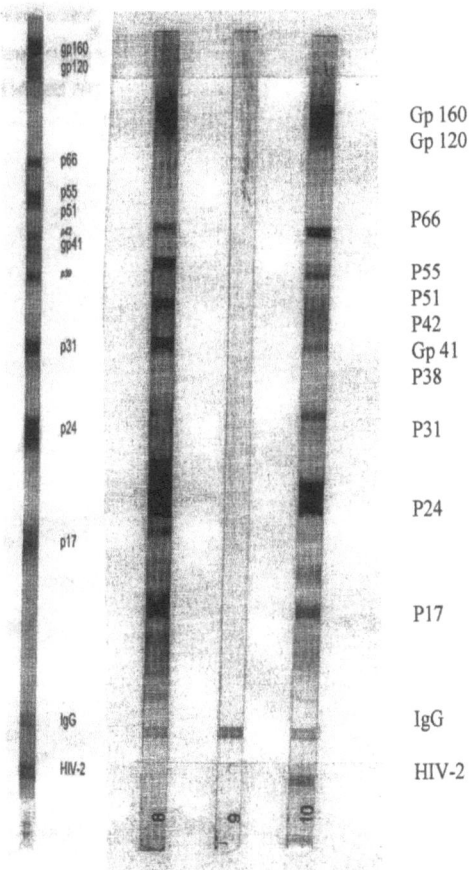

Fig. 5 Analisi western blot (Bioblot HIV-1): dimostrazione della presenza di anticorpi specificanti HIV-1. La **linea 8 rappresenta la paziente**, la linea 9 è il controllo negativo e la linea 10 è il controllo positivo. La paziente risulta positiva a tutte le proteine HIV-1 e negativa a quelle HIV-2. La banda IgG serve come controllo interno per la reazione western blot. I marcatori dei pesi molecolari sono rappresentati nella linea a sinistra.

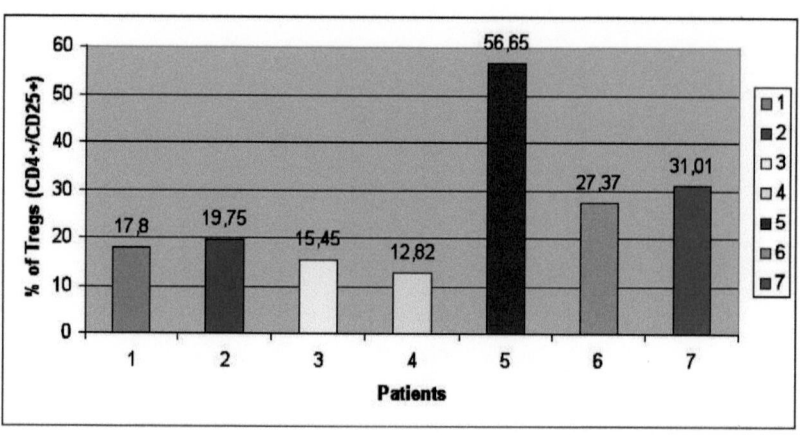

Fig. 6 Percentuali di Tregs in donatori HIV-1 negativi (1,2,3,4 = donatori sani) e donatori HIV-1 positivi (**5= donatore HIV-1 - paziente**; 6= donatore HIV Immunological Responder – IR; 7= donatore HIV Long Term Non Progressor – LTNP. Le cellule T CD4+ sono state purificate tramite selezione negativa dai linfociti del sangue periferico con biglie immunomagnetiche; le cellule CD25+ sono state purificate tramite selezione positiva attraverso il passaggio in 2 colonne ottenendo una purezza dell'85%.

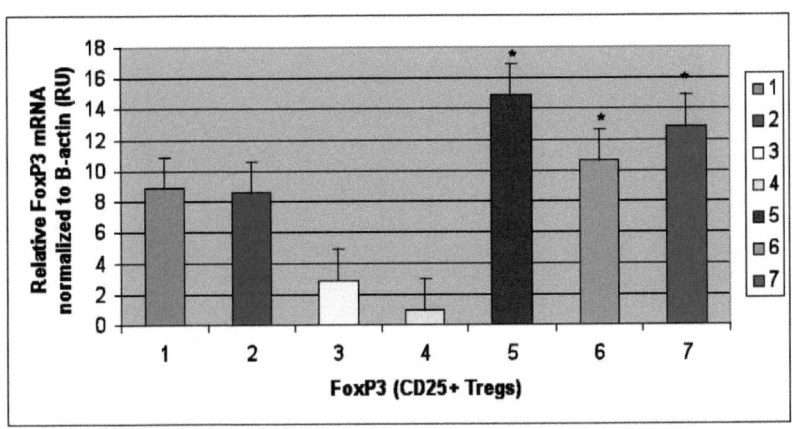

Fig. 7 Livelli di espressione di Foxp3 in linfociti umani T CD4+/CD25+. L'espressione di Foxp3 è stata determinata tramite Real Time PCR. Ogni barra rappresenta un donatore. 1,2,3,4 = donatori sani; **5= donator HIV-1 (paziente)**; 6= donatori Immunological Responder – IR; 7= donatore HIV-1 Long Term Non Progressor – LTNP. I valori ottenuti sono stati normalizzati rispetto all'espressione di un gene di riferimento (Beta astina) utilizzando il metodo DDCt (Unità Relative, UR). Le analisi statistiche sono state effettuate tramite lo Student *t* test.

DISCUSSIONE E CONCLUSIONI

In questo lavoro si è preso in esame il caso clinico di una paziente la quale,   positiva per anticorpi anti HIV-1, mostra parametri inusuali: viremia plasmatica non rilevabile, assenza di DNA provirale nelle cellule mononucleate del sangue periferico, basso numero di linfociti T CD4+ e assenza di infezioni opportunistiche.

Sin dai primi casi studiati di infezione da HIV, i meccanismi di interazione virus-ospite sono rimasti poco conosciuti. Diverse molecole, recettori, citochine e fattori genetici sembrano coinvolti negli eventi di controllo dell'infezione da HIV(62). Tuttavia,   restano da chiarire diversi aspetti dell'infezione sia nella fase iniziale che in quella avanzata: una delle terminologie più utilizzate per indicare l'infezione da HIV è proprio "long term non progressive disease". In assenza di terapia antiretrovirale l'infezione è caratterizzata da bassi livelli di viremia plasmatica rilevabile e stabile conta di cellule T CD4+. Tuttavia la paziente esaminata nella tesi non rispecchia questi parametri ma presenta un numero di cellule CD4+ che in diversi controlli risulta inferiore a 130 cells/mm^3 e, alcune volte, anche al di sotto di 90 cells/mm^3 . Si è cercato di interpretare questo fenomeno escludendo il caso di una linfocitopenia idiopatica T CD4 (74).

Un'ipotesi può essere che le cellule siano state distrutte negli anni precedenti quando forse la viremia plasmatica era elevata: pertanto vengono osservati i danni di una condizione precedente. D'altra parte però, un recente lavoro di Rodriguez denota come i livelli di HIV RNA sono soltanto in piccola parte correlati al declino delle cellule T CD4 durante l'infezione da HIV (75-76). Altri fattori sono coinvolti nei meccanismi di difesa all'infezione, sia genetici sia immunitari. Nel caso della nostra paziente è stato rilevata una consistente espressione dell'allele HLA A32 e elevati livelli di anticorpi neutralizzanti: entrambi gli aspetti sembrano importanti per la resistenza all'infezione (70-74). Ma l'evento più significativo nel quadro clinico-laboratoristico della paziente in esame è l'elevato aumento del numero delle cellule Tregs corrispondente, a livello genico, a una marcata espressione del gene Foxp3 che identifica la sottopopolazione delle cellule T regolatorie (77). Il ruolo di questo subset linfocitario è ancora in parte dibattuto; nel caso esaminato non si può escludere un coinvolgimento di queste cellule nel controllo della progressione dell'infezione dal momento che i dati relativi a queste cellule sono significativi in maniera predominante rispetto agli altri. Il problema può essere ricollegato anche all'aumento dei livelli di IL-10, citochina che gioca un ruolo chiave per le funzioni delle Tregs (77). Inoltre, la paziente non ha mai presentato alcuna infezione opportunistica o altre patologie correlate all'AIDS e, dopo 3 anni di follow-up, ha conservato buona salute. L'utilizzo della terapia antiretrovirale, considerata una terapia preventiva per le infezioni opportunistiche, e una gestione clinica più adeguata delle nuove informazioni hanno contribuito, probabilmente, a garantire al paziente un minor rischio di complicazioni per l'infezione da HIV, anche per lunghi periodi. In alcuni casi si è osservato che, anche con una conta di linfociti T CD4+ inferiore a 50 cells/mm^3, pazienti *non* sviluppano infezioni opportunistiche o cancro, godono di una vita relativamente più lunga e qualitativamente migliore (78).

Un altro aspetto interessante del caso clinico preso in esame è l'assenza di replicazione virale nel sangue periferico a dispetto di una severa deplezione di cellule T CD4+. Non è da escludere l'ipotesi di una latenza di HIV-1, come potrebbe essere latente un provirus integrato ma silente trascrizionalmente (79). Tuttavia, non si è osservata traccia di DNA HIV-1 integrato nei linfociti periferici. Il fatto che HIV-1 DNA sia stato trovato solamente nel midollo osseo e nell'ileo necessita di ulteriori indagini (80-81) e non è di immediata interpretazione; un altro dato da non sottovalutare può essere la presenza di cellule T CD8+ specifiche nella mucosa intestinale. Anche questa sottopopolazione può contribuire al controllo dell'infezione (82-83).

I dati osservati suggeriscono l'ipotesi di un presunto caso di guarigione dall'infezione da HIV. Durante il follow-up, la paziente ha sempre goduto di buona salute sia prima della terapia antiretrovirale somministrata per un anno dopo la diagnosi sia dopo la sua interruzione. Pertanto, i dati riscontrati nelle indagini hanno messo in evidenza che:

1] i linfociti T CD4+ si mantengono *al di sotto di 100 /mm²* sia prima sia dopo la terapia;

2] la non identificazione, con i metodi sensibili, di HIV nel sangue periferico sembra *dissociare* il danno dei linfociti T CD4+ dalla carica virale;

3] la terapia *non* ha inciso sul valore delle cellule CD4+ anche dopo un anno;

4] le citochine coinvolte sono in stretta *correlazione* con il numero e la funzionalità delle cellule Tregs ;

5] le cellule Treg sono "anomale" perché se sono alte ci si aspetta un quadro di ulteriore *immunodepressione* che nel nostro caso è numerica ma *non funzionale*; quindi il caso, pur con le sue contraddizioni, è di interesse medico e biologico anche ai fini di identificare subset di soggettivi infetti che hanno un danno funzionale limitati della risposta immunitaria.

In conclusione, il caso clinico riferito può essere esaminato per migliorare le conoscenze sui meccanismi patogenetici dell'infezione da HIV. Dopo quasi 30 anni dall'inizio dell'epidemia di HIV-1, il meccanismo che guida il declino delle cellule T CD4+ è ancora parzialmente sconosciuto.

Nel corso del Congresso Internazionale di Immunologia svoltosi a Barcellona nel giugno 2008 (84), particolare attenzione è stata dedicata ai Pattern Recognition Receptors ed al loro ruolo nella regolazione della risposta immune adattativa. L'interazione tra agenti batterici, virali e parassiti con questi recettori sono in grado di suggerire nuovi approcci terapeutici per modulare la risposta immune.

Nell'ambito delle sottopopolazioni linfocitarie T, gli interessi della ricerca si sono spostati dal rapporto tra Th1 e Th2 proprio verso le cellule T regolatorie e la citochina Th17 (D. Writh) (84).

Lo studio che è stato illustrato in questo lavoro può contribuire a prendere in esame diversi aspetti e nuovi elementi rispetto a quelli fino a oggi esaminati, come, ad esempio, i differenti ruoli dei subset linfocitari. L'importanza di aver indagato il numero delle Tregs e la conferma "genica" del loro incremento suggerisce di iniziare a valutare altri campi che integrino le numerose informazioni già in nostro possesso.

BIBLIOGRAFIA

1. Stevenson M *HIV-1 pathogenesis*. Nature Medicine 2003; 9: 853-860

2. Letvin N L and Walker BD *Immunopathogenesis and immunotherapy in AIDS virus infections.* Nature Medicine. 2003; 9: 861-866

3. Barre-Sinoussi F., Cherman J.C., Rey F., et al *Isolation of a T-lymphotropic retrovirus from a patient at risk for acquired immunodeficiency syndrome (AIDS).* Science 1983; 220: 868-871.

4. Shaw G.M., Wong-Staal F., Gallo R.C., *Etiology of AIDS. Virology, molecular biology and evolution of human immunodeficiency viruses.* AIDS 1988.

5. Cohen EA, Subbramanian RA, Gottlinger HG. *Role of auxiliary proteins in retroviral morphogenesis.* Curr. Top. Microbiol. Immunol. 1996; 214:219-235.

6. Pantaleo G, Fauci AS. *Immunopathogenesis of HIV Infection.* Annu Rev Microbiol. 1996; 50:825-854

7. Scala E, D'offizi G, Rosso R. *C-C chemokines, Il-16, and solubile antiviral factor activity are increased in cloned T cells from subjects with long-term nonprogressive HIV infection.* J Immunol 1997 May 1; 158(9):4485-92.

8. Kaplan AH, Manchester M, Swanstrom R. *The activity of the protease of human immunodeficiency virus type 1 is initiated at the membrane of infected cells before the release of viral proteins and is required for release to occur with maximum efficiency.* J Virol. 1994; 68(10): 67 82-6.

9. Kohlstaedt LA., Wang J., Friedman JM., Rice PA., et al. *Crystal structure at 3.5 A resolution of HIV-1 reverse trascriptase complexed with an inhibitor.* Science 1992; 56: 1783-90 .

10. Rice P, Craigie R, Davies DR. *Retroviral integrases and their cousins.* Curr Opin Struct Biol. 1996; 6:76-83.

11. Clapham PR, Weiss RA. *Immunodeficiency viruses. Spoilt for choice of co-receptors.* Nature. 1997; 388:230-1.

12. Hernandez LD, Hoffman LR, Wolfsberg TG, et al. *Virus-cell and cell-cell fusion.* Annu. Rev. Cell. Dev. Biol. 1996; 12:627-61.

13. Hill CP, Worthylake D, Bancroft DP, et al. *Crystal structures of the trimeric human immunodeficiency virus type 1 matrix protein: implications for membrane association and assembly.* Proc Natl Acad Sci U S A. 1996; 93(7): 3099-104.

14. Gamble TR, Yoo S., Vajdos FF., et al. *Structure of the carboxyl-terminal dimerization domain of the HIV-1 capsid protein.* Science. 1997; 278: 849- 853.

15. Gibellini D., Re M.C., Vitone F., Rizzo N., et al. *Selective up-regulation of functional CXCR4 expression in erythroid cells by HIV-1 Tat protein.* Clin. Exp. Imuunol. 2003; 131: 428-435.

16. Re M.C., Gibellini D., Vitone F., et al. *Antibody to HIV-1 Tat protein, a key molecule in HIV-1 pathogenesis. A brief review.* New. Microbiol. 2001;2482: 197-205.

17. Lewer A. *Regolatory protein of HIV.* Medical Virology 1 1991; 155-163.

18. Emerman M. *HIV-1, Vpr and the cell cycle.* Curr Biol. 1996; 6(9):1096-1103.

19. Camaur D., Trono D. *Characterization of human immunodeficiency virus type 1 Vif particle incorporation.* J Virol. 1996; 70(9):6106-6111.

20. Cohen E.A., Subbramanian R.A., Gottlinger H.G. *Role of auxiliary proteins in retroviral morphogenesis.* Curr. Top. Microbiol. Immunol. 1996; 214: 219-235.

21. Sattentau Q.J., Weiss R.A. *CD4: HIV receptor and physiological ligand.* Cell 1988; 52: 631-633.

22. Pantaleo G., Graziosi C., Fauci A.S. *New concept in the immunopathogenesis of human immunodeficiency virus infection*. N. Engl. J Med. 1993; 328: 327-355.

23. Kaplank H.A., Manchester M., Swanstrom R. *The activity of the protease of human immunodeficiency virus type 1 is initiated at membrane of infected cells before the release of viral proteins and is required for release to occur with maximum efficiency*. J. Virol. 1994; 68 (10): 6782-6786.

24. Coffin J.M. *Genetic diversity and evolution of retroviruses*. Curr. Top. Microbiol. Immunology 1992; 76: 143-164.

25. Pantaleo G., Graziosi C., Demaresi J.F. *HIV infection is active and progressive in lymphoid tissue during the clinically latent stage of disease*. Nature 1993; 362: 355-359.

26. Pantaleo G., Graziosi C., Fauci A.S. *The immunopathogenesis of human deficiency virus infection*. N. Engl. J Med. 1993; 328: 327-335.

27. Re MC., Zauli G., Gibellini D., et al. *Uninfected haematopoietic progenitor (CD34+) cells purified from the bon marrow of AIDS patients are committed to apoptotic cell death in culture*. AIDS 7 1993; 1049-1055.

28. Zauli G., Vitale M., Re MC., et al. *In vitro exposure to human immunodeficiency virus type 1 induces apoptotic cell*

death of the factor-dependent TF-1 haematopoietic cell line. Blood 1994; 83: 167-175.

29. Romito A., Grizzuti M.A., Tucci M., et al. . *Malignant neoplasm and AIDS.* Recenti Prog. Med. 1997; 88: 348-355.

30. Del Canto M.C. *Mechanism of HIV infection of the central nervous system and pathogenesis of AIDS-dementia complex.* Neuroimaging Dlin. N. Am. 1997; 7: 231-241.

31. Nuwayhid N.F. *Laboratory test for detection of human immunodeficiency virus type 1 infection.* Clin. Diagn. Lab. Immunol. 1995; 2 (6): 637-645.

32. Bru-Vezinet F., Simon F. *Diagnostic tests for HIV infection.* Infectious Diseases. London: Mosby 1999; 5.23.1-10.-03.

33. *polymerase chain reaction and dried blood spot specimens.* J. Acquir. Immune. Defic. Syndr. 1992; 5 (2) : 113-119.

34. Eisen H.N. and Siskind G.W. *Variations in affinities of antibodies during the immune response.* Biochemistry 3 1984; 389-393.

35. Puchhammer-Stockl E., Schmied B., Rieger A. et al. *Low proportion of recent HIV infections among newly diagnosed cases of Hiv infection as shown by the presence of HIV-specific antibodies of low avidity.* J. of Clin. Microbiol.1 2005; 497-498.

36. Van Binsbergen J., Keur W., Siebelink A., et al . *Strongly enhanced sensitivity of a direct anti-HIV-1/2 assay in sieroconversion by incorporation of HIV p24 Ag detection: a new generation Vironostika HIV Uni-Form II.* J Virol.Methods, 1998; 76: 59-71.

37. Carpenter C.C., Fischl M.A., Hammer S.M., et al *Antiretroviral therapy for HIV infection in 1997.* Updated recommendations of the International AIDS Society-USA panel. JAMA 277 1997; (24): 1962-1969.

38. Hirsch M.S., Brun-Vezinet F., D'Aquila R.T. *Antiretroviral drug resistance testing in adult HIV-1 infection.* Recommendations of an International AIDS Society-USA panel. JAMA 283 2000; 2417-2426.

39. Poveda E., Briz V., Soriano V. *Enfuvurtide: the first fusion inhibitor to treat HIV-1 infection.* AIDS Rev. 2005; 7: 139-147.

40. Kuritzkes D.R. *Clinical significance of drug resistance in HIV-1 infection.* AIDS 10 Suppl. 1996; 5: S27- S31.

41. Hirsch M.S., Conway B., D'Aquila R.T. *Antiretroviral drug resistance testing in adult HIV-1 infection: implication for clinical management.* JAMA 1998; 279: 1984-1991.

42. Roberts JD., Bebeneck K., Kukel T.A. *The accuracy of reverse trascriptase from HIV-1.* Science 1988; 242: 1171-1173.

43. Pillay D., Taylor S., Richman D.D. *Incidence and impact of resistance against approved antiretroviral drugs.* Rev. Med. Virol. 2000; 10: 231-253.

44. Re M.C., Monari P., Bon I., Gibellini D., et al . *Analysis of HIV-1 drug resistance mutations by line probe assay and direct sequencing in a cohort of therapy naïve HIV-1 infected Italian patients.* BMC. Microbiol. 2001; 1: 30 - 5.

45. Little S.J., Daar E.S., D'Aquila R.T. *Reduced antiretroviral drug susceptibility among patients with HIV infection.* JAMA 1999; 282: 1142-1149.

46. Pillay D., Cane P.A., Shirley J.. *Detection of drug resistance associated mutations in HIV primary infection within the U.K.* AIDS 2000; 14: 906-908.

47. Re M.C., Monari P., Bon I., et al. *Development of drug resistance in HIV-1 patients receiving a combination of stavudine, lamiduvine and efavirenz.* I. J. of Antimicrob 2002; 20; 223-226.

48. Wegner S.A., Brodine S.K., Mascola J.R. *Prevalence of genotyping and phenotyping resistance to anti-retroviral drugs*

in a cohort of therapy-naive HIV-1 infected US military personnel. AIDS 2000; 14: 1009-1015.

49. Flexner C. *HIV genotype and phenotype arresting resistance?* JAMA 2000; 283: 2442-2444.

50. Durant J., Clevenbergh P., Halfon P. *Drug-resistance genotyping in HIV-1 therapy: the VIRADAPT randomised controlled trial.* Lancet 1999; 353 (9171): 2195-2.

50. Re M.C., Monari P., Borderi M., et al. *Presence of genotypic resistance to antiretroviral drugs in a cohort of therapy-naive HIV-1 infected Italian patients.* J. Acquir. Immune Defic. Syndr. 2001; 1; 27 (3): 315-316.

51. *Regulatory T cells in virus infections* Immunological review 2006 vol 212;272-286

52. *Regulatory T cells in the periphery.* J Lohr, A. Abbas et al. Immunological Review 2006 Vol 212 ;149-162.

53. Makoto M and Sakaguchi S. *Natural regulatory T cells: mechanism of suppression.* Trends in Molecular Medicin 2007; vol xxx.

54. Hoffmann P, Boeld T. *Isolation of CD4+ CD25+ Regulatory T cells for Clinical trials.* Biology of lood and Marrow Transplantation 2006;12:267-274

55. Rao E, Petrone A. *Differentiation and Expansion of T cells with Regulatory Function from Human Pripheral Lymphocytes by stimulation in the presence of the TGF-beta.* J of Immunol 2005; 1447-1455

56. Hoffman P, Ruediger E. *Only the CD45RA+ subpopulation of CD4+ CD25+ T cells gives rise to homogeneous regulatory T cell line upon in vitro expansion.* Blood, 2006; 13:4260-4267

57. Mezzaroma I, Carlesimo M, Pinter E. et al.*Clinical and immunologic response without decrease in virus load in patients with AIDS after 24 months of HAART.* Clin Infect Dis 1999;29:1423-30

58. Autran B, Carcelain G, Li TS. *Positive effects of combined antiretroviral therapy on CD4+ T cell homeostasis and function in advanced HIV disease.* Science 1997;277:112-6.

59. Marziali M, De Sanctis W, Carello R. *T cell homeostasis alteration in HIV-1 infected subjects with low CD4+ T cell count despite undetectable virus load durino HAART.* AIDS 2006, 20(10):2033-2041

60. Aiuti F, Mezzaroma I. *Failure to reconstitute CD4+ T cells despite suppression of HIV replication under HAART.* AIDS Rev 2006 Apr-Jun;8(2):88-97. Review

61. Benveniste O, Flahault A, Rollot F. *Mechanism involved in the low-level regeneration of CD4+ cells in HIV-1 infected patients receiving HAART who have prolonged undetectable plasma viral loads.* J Infect Dis 2005; 191:1670-9

62. Marmor M, Hertzmark K, Thomas M, et al. *Resistance to HIV infection.* J Urban health. 2006 Jan;83 (1):5-17

63. Kloosteboer N, Groeneveld PH, Jansen CA. *Natural controlled HIV infection: preserved HIV-specific immunity despite undetectable replication competent virus.* Virology 2005 Aug 15;339(1):70-80

64. *Guidelines for the use of antiretroviral agents in HIV-1 infected Adults and Adolescents,* Oct 10, 1006 developed by DHHS Panel on antiretroviral guidelines for adults and adolescents – A working group of the Office of AIDS Research Advisory Council (OARAC)

65. Palmisano L, Giuliano M, Nicastri E. *Residual viraemia in subjects with chronic HIV infection and viral load < 50 copies/ml: the impact of highly active antiretroviral therapy.* AIDS 2005 Nov 4; 19(16):1843-7

66. Pontesilli O, Carlesimo M, Varani AR, et al. *HIV-specific lymphoproliferative responses in asymptomatic HIV-infected individuals.* Clin Exp Immunol 1995 jun; 100(3):419-424

67. Isgrò A, Aiuti F, Mezzaroma I. *Improvement of Interleukin 2 production, clonogenic capability and restoration of stromal cell function in human immunodeficiency virus-type 1 patients after highly active antiretroviral therapy.* Br J Haematol 2002;118 (3):864-874

8. Erice A, Sannerud KJ, Leske VL. *Sensitive Microculture Method for Isolation of Human Immunodeficiency Virus 1 from Blood leukocytes.* J Clin Microbiol 1992; 30:444-448

69. Potts BJ, Maury W, Martin MA. *Replication of HIV-1 in primari monocytes coltures.* Virology 1990; 175:456-76.

70. Sarmati. *Increase in neutralizing antibody titer against sequential autologous HIV-1 isolates after 16 weeks saquinavir (Invirase) treatment* – J Med Virol 1997 Dec; 53(4):313-8

71. Cao K, Hollenbach J, Shi X, Shi W, et al. *Analysis of the frequencies of HLA-A, B, and C alleles and haplotypes in the major ethnic groups of the United States reveals high level of diversity in these loci contrasting distribution patterns in these populations.* Hum Immunol 2001 Sep;62(9):1009-30

72. Rugeles MT, Solano F, Diaz FJ, et al. *Molecular characterization of the CCR5 gene in seronegative individuals exposed to human immunodeficiency virus (HIV)* J Clin Virol 2002;23:161-169

73. Geczy AF, Kuipers H, Coolen M, et al. *HLA and other host factors in transfusion-acquired HIV-1 infection*. Hum Immunol 2000 Feb;61(2):172-6

74. A Malaspina, S Moir, DG Chaitt, CA et al. AS. *Idiopathic CD4+ T lymphocytopenia is associated with increases in immature/transitional B cells and serum levels of IL-7*. Blood 2007 Mar 1;109(5):2086-8

75. Henry WK, Tebas P, Lane HC Explaining. *Predicting and treating HIV-associated CD4 cell loss* JAMA 2006;296:1523-125

76. Rodriguez B, Sethi AK, Cheruvu VK. *Predictive value of plasma HIV RNA level on rate of CD4 T cell decline in untreated HIV infection*. JAMA 2006;296:1498-1506

77. Rouse BT, Sfrangi PP, Suvas S. *Regulatory T cells in virus infections*. Immunol Rev 2006 Aug; 212:272-86

78. Moore RD, Chaisson RE. *Natural history of opportunistic disease in an HIV-infected urban clinical cohort*. Ann Intern Med 1996 Apr 1;124(7):633-42

79. Han Y, Wind-Rotolo M, Yang HC, et al. *Experimental approaches to the study of HIV-1 latency*. Nat rev Microbiol. 2007 Feb;5(2):95-106

80. Sankan S, Guadalupe M, Reay E. *Gut mucosal T cell responses and gene expression correlate with protection against disease in long-term HIV-1 infected nonprogressor.* PNAS 2005;102(28):9860-9865

81. Brenchley JM, Price DA and Douek DC. *HIV disease: fallout from a mucosal catastrophe?* Nature Immunol 2006, 7(3):235-239

82. Shackett BL, Cox CA, Quigley MF. *Abundant expression of granzime A, but not perforin in granules of CD8+ T cells in GALT: implications for immune control in HIV-1 infection.* J Immunol 2004; 173:641-648

83. Poles MA, Boscardin WJ, Elliott J. *Lack of decay of HIV-1 in Gut-associated Lymphoid Tissue resevoirs in maximally suppressed individuale.* J Acquired Immune Defic Syndr 2005; 43(1):65-68.

84. Wright A, Bennet F, Li B, Brooks J, et al.*The human IL-17F/IL-17A heterodimeric cytokine signals through the IL-17RA/IL-17RC receptor complex.* J Immunol 2008; 181 (4): 2799-805

85. Tu-Anhtran, M.G. Goer de Heve et al. *Resting Regulatory CD4 T Cells: A Site of HIV Persistence in Patients on Long-*

*Term Effective Antiretroviral Therap.*PloS ONE 2008; 3(10):3305.

86. Selliah W, Zhang M, White S, et al. *FOXP3 inhibits HIV-1 infection of CD4 T-cells via inhibition of LTR transcriptional activity.* Science 2008; 381(2): 161-7.

Printed by Books on Demand GmbH, Norderstedt / Germany